魔术橡皮筋

魔术橡皮筋可以变出各种东西，想想看可以变出什么呢？请把你想到的画出来。

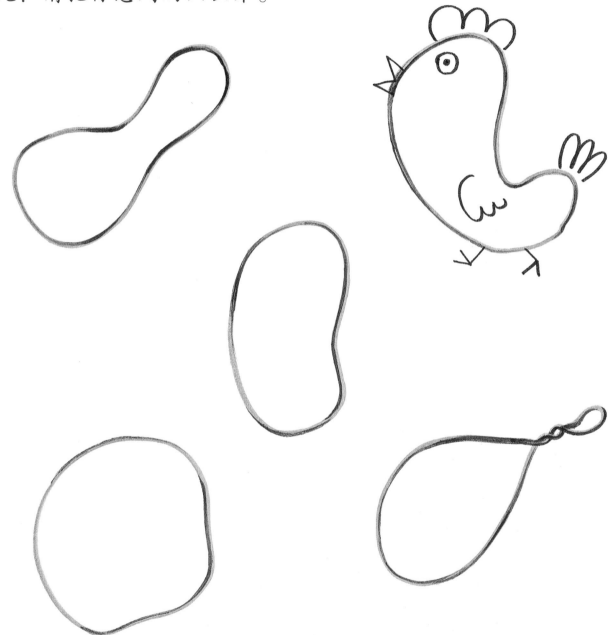

到山上去玩

起点

小明和朋友们一起开着五辆车到山上玩，沿路经过很多房子。自出发起，这五辆车的排列顺序不变，你知道什么颜色的车被房子挡住了，什么颜色的车没被挡住吗？请给没被挡住的车涂上正确的颜色。

在哪里生活

你知道右图中这些小动物生活在哪里吗？请把右边的小动物们的图案剪下来，贴在它们生活的地方。

请爸爸、妈妈帮助小朋友使用剪刀。

纸飞机

小朋友们在玩纸飞机，你知道他们的飞机是怎么折出来的吗？请找出每个纸飞机的正确折法，拿出彩纸按照步骤折纸飞机吧！

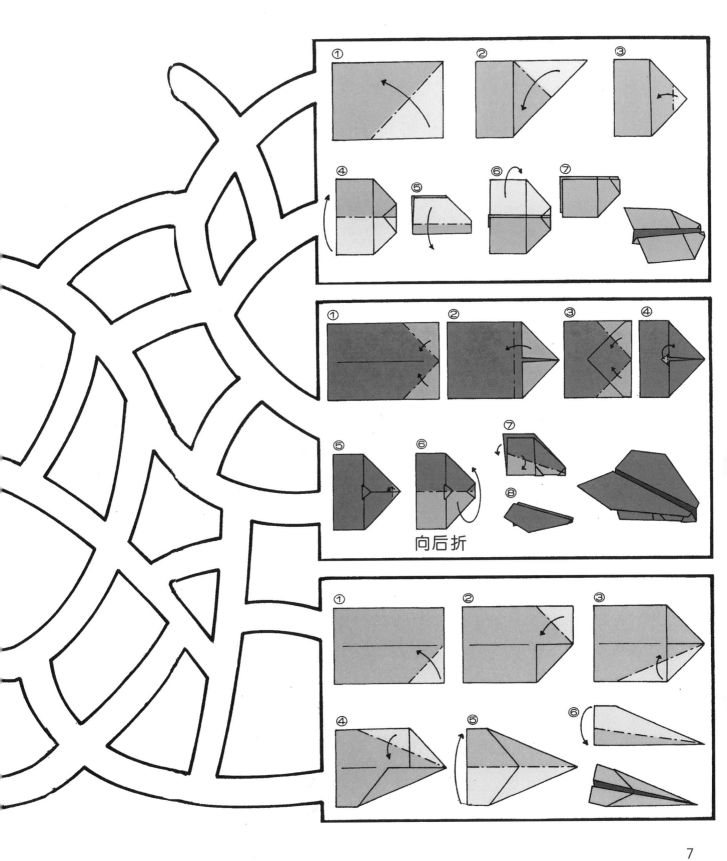

向后折

拼拼看

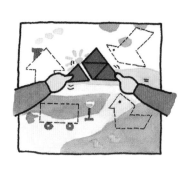

用不同图形可以拼出房子、鸟、山、车和鸭子等图案。请利用本辑游戏卡册"阿宝号航空器"左下角的图形拼拼看！

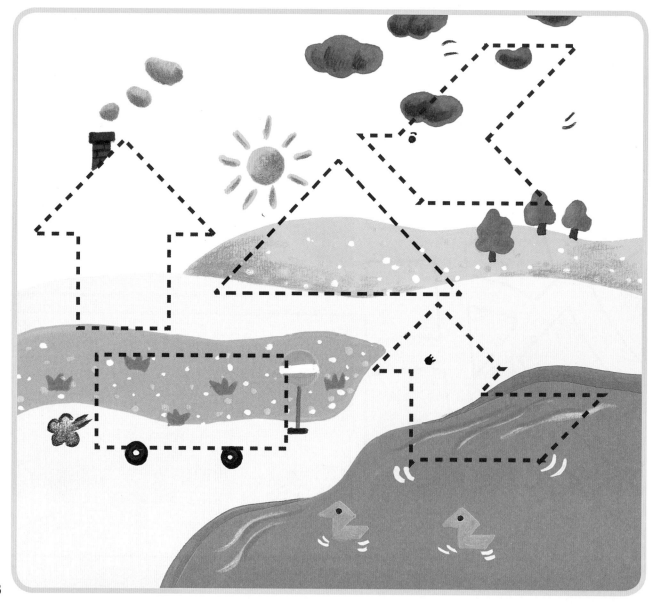

猜谜

弯弯像月亮，身子黄又黄，兄弟排成行，个个甜又香。猜猜看，这是什么东西呢？请按从小到大的数字顺序依次连接所有圆点，连好之后，记得给它涂上黄色。

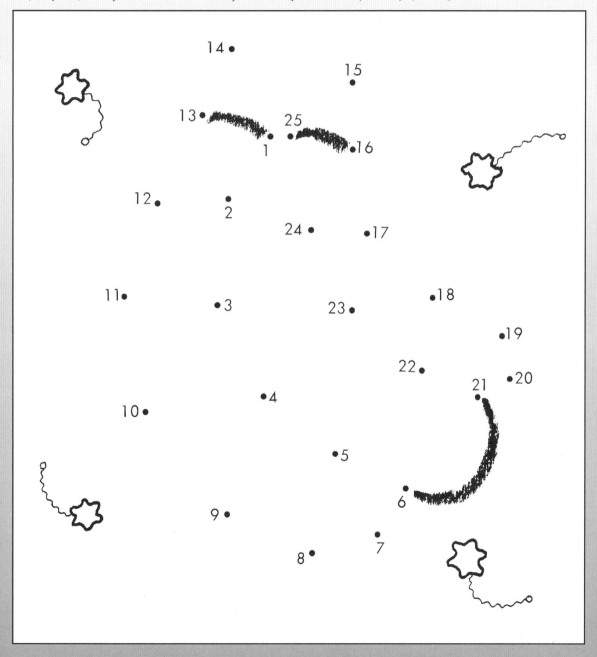

是谁当"猫"

　　小猫、小猪、鸭子、兔子和小狗五个好朋友在公园里玩捉迷藏的游戏。当"猫"的小动物要趴在树干上，等大家都躲好才能开始找。这三幅图中，分别是由谁当"猫"呢？请把对应数字填写在图中方框中。

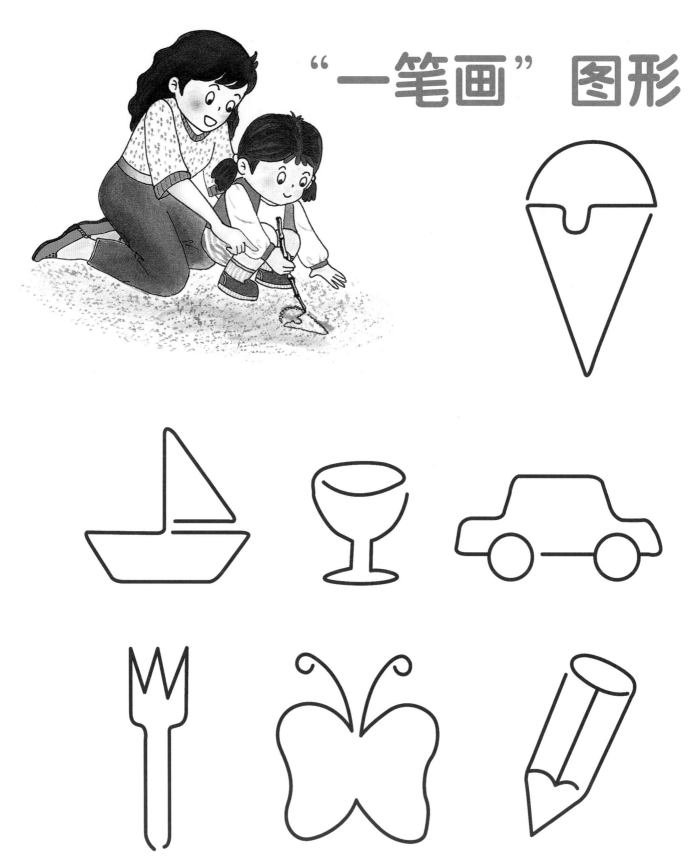

"一笔画" 图形

下面这些图形哪些可以一笔画出来？请把一笔就能画好的图形圈出来。

一样大

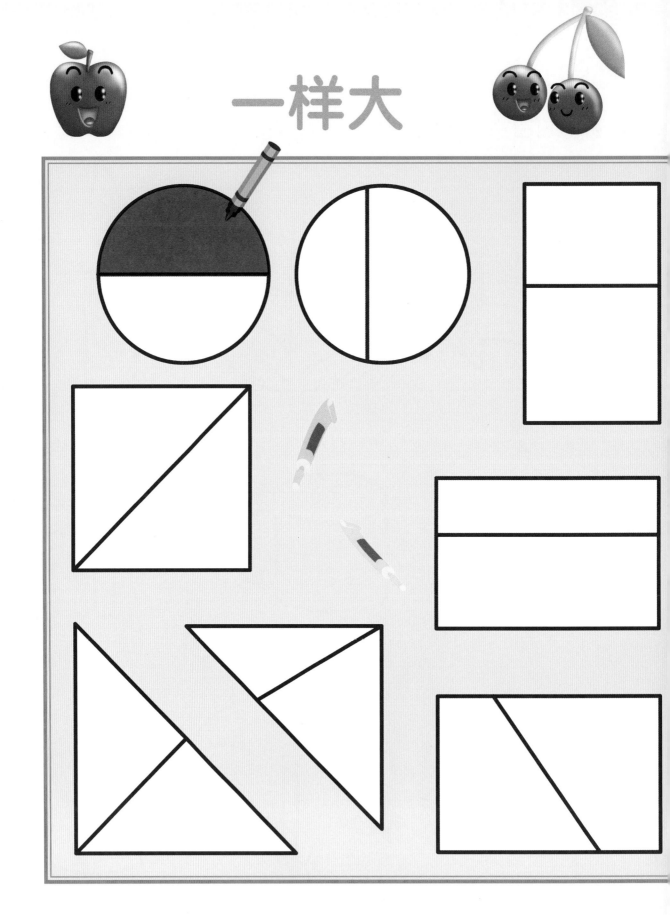

每个图形都被分成了两个部分，哪些图形分成的两份是一样大的呢？请在两个一样大的图形上涂颜色。

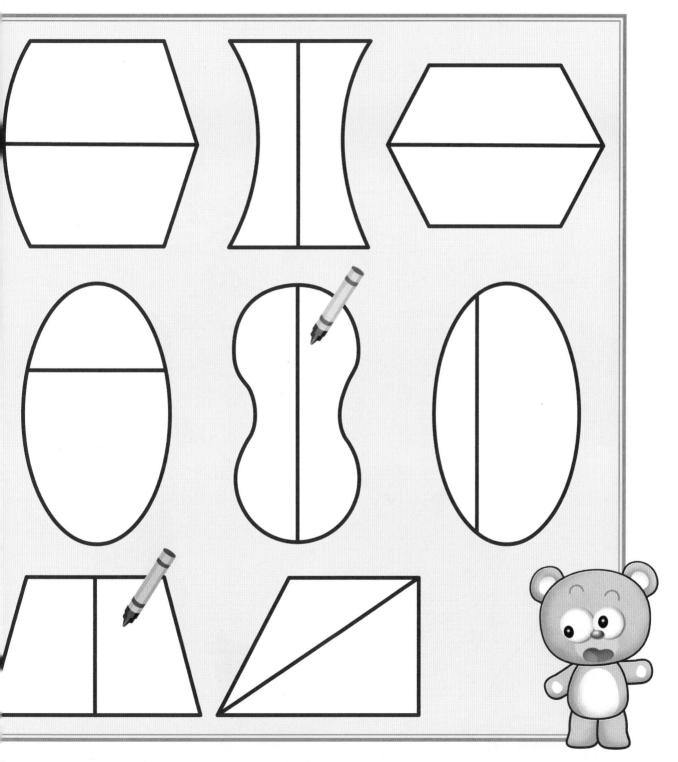

农场的早晨

数一数，鸡、鸭、鹅、兔子、猪各有几只呢？请用笔在框中涂上颜色，有几只就涂几格，不同的动物请用不同颜色的笔涂色。

鸡	鸭	鹅	兔子	猪

原图

放大图

放大图

明明用复印机把图放大了，让原本小小的图变得很大，你知道图放大以后会变成什么样子吗？请参照原图，在两个放大图中的相同位置涂上相同的颜色。

放大图

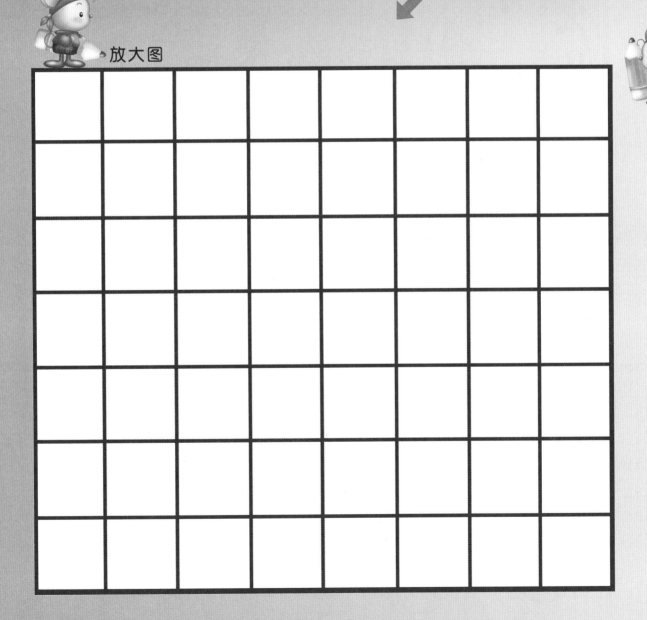

少了什么

以下这些东西都少了一部分，你觉得少了哪个部分呢？
请把它画出来。

颜色方块

黑板上有很多形状、颜色都不同的方块组合。请你将魔术师旁边的方块组合与黑板上的方块组合一一对应，在下面的圆圈内写上相同的序号，并给方格涂上相同的颜色。

我最喜欢的小狗

这里有一只可爱的小狗，请给小狗涂上你最喜欢的颜色，还可以给它画一些装饰品哟！

可爱的动物

小朋友，你会画圆形吗？用圆形可以画出什么动物呢？请拿起彩笔，沿着虚线画画看吧！

海底世界

海底有各式各样的鱼，仔细观察下图，每种鱼各有几条呢？请用手指盖印的方式，把正确的数目"印"在下面的方框里。

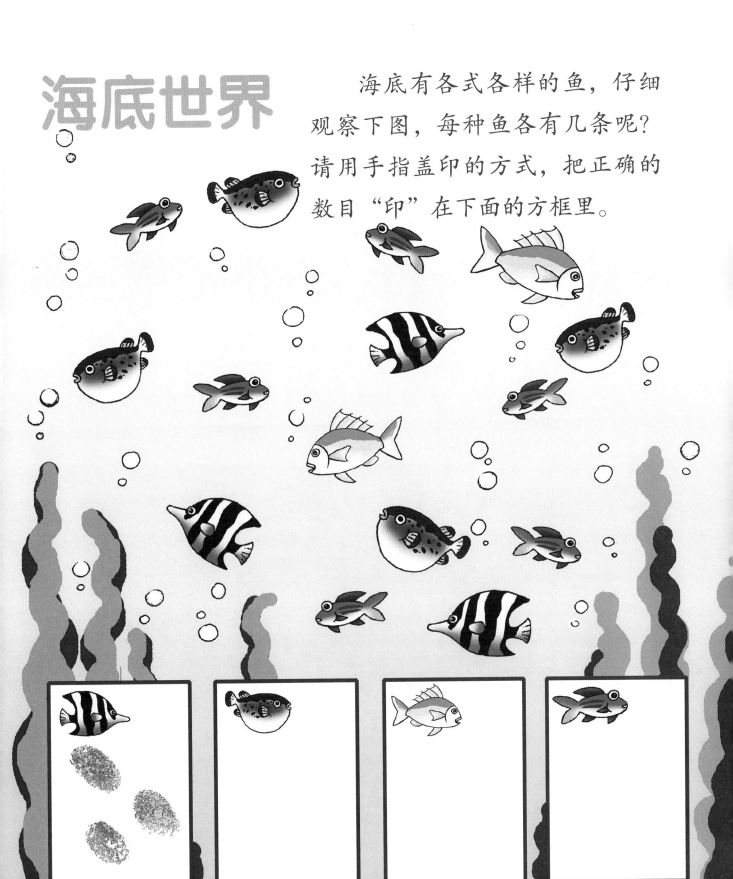

几只动物

请找到本辑游戏卡册中的"动物栅栏"，用纸卡背面一一遮住以下几张图片，就可看清楚图片里一共躲了几种动物，每种动物各有几只。数数看，将数字写在方框中。

压痕

仔细观察，橡皮泥上有不同的压痕，你知道这些压痕分别是用什么东西压出来的吗？请用线连起来。

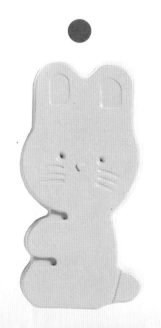
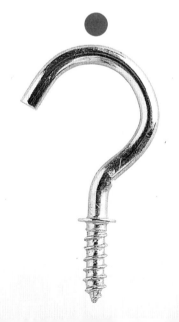

29

池塘里的小动物

参考下面的图示，用彩纸折出小鱼和螃蟹，再把它们贴在右边的池塘里，记得要为小鱼和螃蟹画上缺失的身体部位哦。使用剪刀时要小心哟！

图示

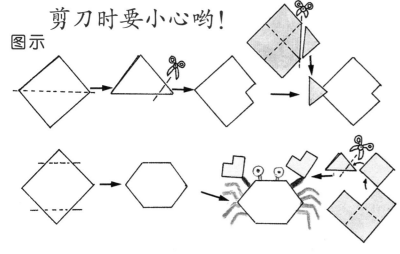

范例

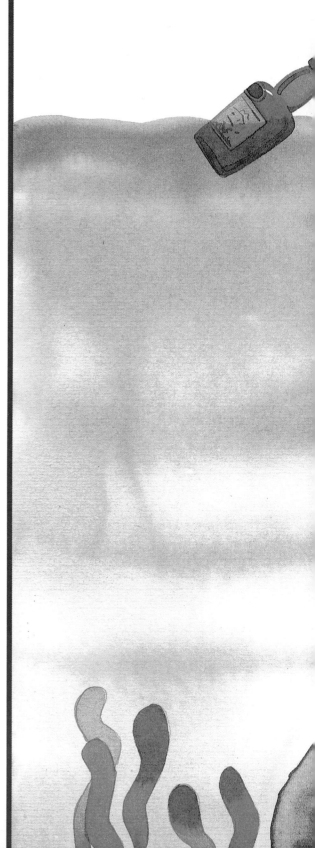

一笔画

这些图是一笔画成的，你会画吗？根据下面的步骤提示，在右边场景中的对应位置多画一些吧！

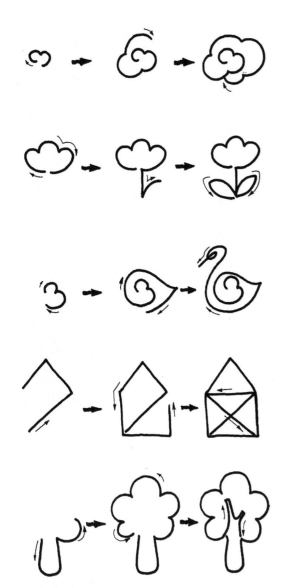

33

多一块拼图

仔细观察，下面第一排的图片是由对应列中的小图拼成的。
但是每一列中都有一块拼图是多余的，请把这块拼图圈出来。

画自己

小朋友，请照照镜子，仔细看看自己的脸，然后把自己的样子画出来，并把自己的名字写在镜子上方的方框里。

名字：